普通高等教育"十二五"规划教材

测量学习题与实训指导

金银龙 邓念武 张晓春 刘任莉 编

中国电力出版社
CHINA ELECTRIC POWER PRESS

内 容 提 要

本书是普通高等教育"十二五"规划教材《测量学》(第三版)(邓念武、张晓春、金银龙编)配套的习题和实训指导书。全书包括四篇内容,第一篇为根据章节顺序编写的复习思考题;第二篇是根据章节需要编写的练习题;第三篇是测量实验指导,共设置十四个实验内容,每个实验包括实验目的要求、实验仪器、实验组织、操作要求、操作要点、技术要求和实验记录计算表格;第四篇是测量实习指导,对实习性质、学时与学分、实习目的和内容进行了说明。实习具体安排为测设和测定两个方面内容,包括平面控制测量、高程控制测量、地形测图、地形图绘制和施工放样共五个方面的基本内容。

本书可作为普通高等院校水利水电工程、农田水利工程、水文水资源工程、港口航运工程、土木工程、建筑学、给排水工程、城市规划工程等专业学生使用,也可供相关专业工程技术人员学习参考。

图书在版编目(CIP)数据

测量学习题与实训指导/金银龙等编.—北京:中国电力出版社,2015.8

普通高等教育"十二五"规划教材

ISBN 978-7-5123-7867-4

Ⅰ.①测… Ⅱ.①金… Ⅲ.①测量学-高等学校-教学参考资料 Ⅳ.①P2

中国版本图书馆 CIP 数据核字(2015)第 126283 号

中国电力出版社出版、发行
(北京市东城区北京站西街 19 号 100005 http://www.cepp.sgcc.com.cn)
三河市百盛印装有限公司印刷
各地新华书店经售

*

2015 年 8 月第一版 2015 年 8 月北京第一次印刷
787 毫米×1092 毫米 16 开本 4.5 印张 98 千字
定价 **12.00** 元

敬 告 读 者

本书封底贴有防伪标签,刮开涂层可查询真伪
本书如有印装质量问题,我社发行部负责退换
版权专有 翻印必究

前 言

为了适应高等学校教学改革的需要，同时顾及不同专业对《测量学》的要求，编者在《测量学》（第二版）的基础上，总结这五年来的教学实践经验，结合测绘领域的新技术和新方法，将原来《测量学》教材分解为《测量学》和《测量学习题和实训指导》。后者为前者的配套用书。

测量学习题和实训是学生学习测量课程的主要环节，特别是在培养学生动手能力、独立分析问题和解决问题能力方面起着主要作用。本书分为四篇：复习思考题，练习题，测量实验指导和测量实习指导。第一篇为复习思考题，紧扣教材，通过思考题加强对测量学基本概念和基本原理的掌握，并设置有一定数量的高难度题和启发性思考题。第二篇为练习题，精心挑选了《测量学》教学内容中重要的十一个计算题和绘图题，练习者在提高计算能力的同时也加深了测绘科学的理解和认识；第三篇是测量实验指导，共设置十四个实验内容，每个实验包括实验目的要求、实验仪器、实验组织、操作要求、操作要点、技术要求和实验记录计算表格等部分内容，清晰地交代整个实验的内容和步骤，完整而且规范。第四篇是测量实习指导，对实习性质、学时与学分以及实习目的和内容进行了说明，实习具体安排为测设和测定两个方面内容，包括平面控制测量、高程控制测量、地形测图、地形图绘制和施工放样共五个方面的基本内容，涵盖了测量学教学的基本内容。第三、四篇为可撕页，教师和学生可以根据需要单独提交。

本书可以作为水利水电工程、农田水利工程、水文水资源工程、港口航运工程、土木工程、建筑学、给排水工程、城市规划等专业测量学课程的辅助用书，也可作为相关工程技术人员学习测量学的复习参考用书。

本书由武汉大学水利水电学院金银龙、邓念武、张晓春、刘任莉共同编写，武汉大学徐晖审稿。

限于编者水平，缺点在所难免，敬请读者批评指正。

编 者

2015.5

目 录

前言

第一篇 复习思考题 ·· 1
  第一章 概述 ··· 1
  第二章 水准测量 ··· 1
  第三章 角度测量 ··· 2
  第四章 距离测量和直线定向 ·· 2
  第五章 全站仪基本知识 ··· 3
  第六章 全球定位系统简介 ·· 3
  第七章 测量误差的基本知识 ··· 3
  第八章 小地区控制测量 ··· 4
  第九章 大比例尺地形图的测绘 ·· 4
  第十章 地形图的应用 ·· 4
  第十一章 施工测量的基本工作 ·· 5
  第十二章 工业与民用建筑中的施工测量 ·· 5
  第十三章 隧洞施工测量 ··· 5
  第十四章 渠道测量 ··· 5
  第十五章 管道工程测量 ··· 6

第二篇 练习题 ·· 7
  习题一 四等水准测量记录计算 ·· 7
  习题二 水准测量闭合差的调整 ·· 9
  习题三 全圆测回法记录计算 ··· 10
  习题四 精密距离丈量 ·· 11
  习题五 视距测量计算 ·· 12
  习题六 测量误差的计算 ··· 13
  习题七 闭合导线的计算 ··· 18
  习题八 附合导线的计算 ··· 19
  习题九 等高线的勾绘（目估法）··· 21
  习题十 交会角的计算 ·· 22
  习题十一 渠道纵断面水准测量记录计算 ··· 23

第三篇 测量实验指导 ·· 24
  实验一 水准仪的认识、等外水准测量 ·· 25
  实验二 水准仪的检验与校正 ··· 27
  实验三 四等水准测量 ·· 29

实验四	测回法测水平角	31
实验五	全圆测回法测水平角	33
实验六	竖直角观测与视距测量	35
实验七	经纬仪的检验与校正	37
实验八	距离丈量与直线定向	39
实验九	电磁波测距	41
实验十	地形测量	43
实验十一	全站仪使用	45
实验十二	电子平板测图	47
实验十三	渠道测量	49
实验十四	GNSS 定位	51

第四篇 测量实习指导 53

实习一	测回法测量记录	56
实习二	钢尺量距记录	57
实习三	四等水准测量记录	58
实习四	闭合导线计算	59
实习五	高程测量计算	60
实习六	控制点成果记录	61
实习七	经纬仪测绘法测地形图记录	62

参考文献 63

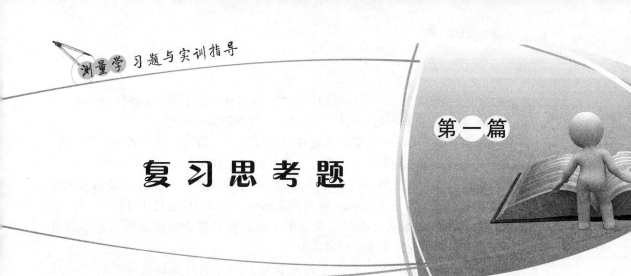

第一章 概 述

1. 什么是水准面和大地水准面？大地水准面在测量上有何用途？
2. 什么是绝对高程、相对高程、1956年黄海高程系？
3. 在高斯—克吕格投影中，3°带与6°带有何区别？
4. 北京某点经度为116°28′，试计算它所在3°带与6°带的带号，相应的3°带与6°带的中央子午线的经度是多少？
5. 设地形图上某点的坐标为 $x=2489576 m$，$y=20225760 m$，请问该点离赤道多远？距中央子午线多远？属第几投影带？
6. 测量中的平面直角坐标系与数学中的有何异同？
7. 用水平面代替水准面对高程和距离有何影响？在多大范围内用水平面代替水准面才不至于影响测距和测角的精度。
8. 确定地面点的三个基本要素是什么？
9. 测量工作的基本原则是什么？为什么要遵循此原则？

第二章 水准测量

1. 何谓高差？水准仪是根据什么原理测定两点间高差的？高差正、负号的意义是什么？
2. 何谓后视读数和前视读数？将水准仪置于P、N两点之间，在P尺上的读数为1.586m，在N尺上的读数为0.435m，试求高差h_{NP}，并指出哪点高？
3. 何谓转点？转点的作用是什么？
4. 什么是圆水准器轴、水准管轴？水准仪的水准管和圆水准器各起什么作用？若一架水准仪只有水准管没有圆水准器是否能进行水准测量？
5. 水准管分划值、灵敏度及其内壁的圆弧半径三者之间有何关系？
6. 何谓视准轴？水准管气泡居中视准轴水平，这句话对吗？
7. 何谓视差？产生视差的原因是什么？如何消除视差？

8. 水准仪有哪些主要轴线？它们之间应满足哪些几何条件？哪个是主要条件？为什么？

9. 水准测量中，将水准仪置于前、后尺等距离处，可消除哪些误差？

10. 在进行水准测量时，当后视完毕转向前视时水准管的气泡往往又不居中，为什么？如何处理？能否能用脚螺旋使气泡居中？如果发现圆水准器也偏离中心，如何处理？

11. 已知某水准仪的水准管分划值为 $20''/2mm$，当尺子离仪器 75m 时，欲使因水准管气泡不居中而产生的读数误差不超过 2mm，问气泡偏离中心位置不应超过几格？

12. 水准尺倾斜对水准测量有何影响？设由于水准尺倾斜所引起的读数误差不超过 2mm，当读数为 2.5mm 时，允许水准尺倾斜多少？

13. 安置仪器于 A、B 两点中间，测得 A 尺读数为 1.321m，B 尺读数为 1.117m，仪器搬至 B 点附近，测得 B 尺读数为 1.466m，A 尺读数为 1.695m，试问：水准管轴是否平行于视准轴？如不平行，应怎样校正？

第三章 角 度 测 量

1. 什么是水平角？经纬仪为什么能测出水平角？

2. 如希望用 $0°02'$ 对准目标 A，对于具有测微尺的光学经纬仪和电子经纬仪各应如何操作？

3. 使用经纬仪测水平角时，当用望远镜瞄准同一竖直面内不同高度的两个目标，在水平度盘上读数是不是一样？测定两个不同竖直面内不同高度的目标间夹角是否为水平角？

4. 什么是竖直角？观测竖直角时，竖直度盘指标水准管的气泡为什么一定要居中？望远镜和竖直度盘指标的关系怎样？竖直度盘读数和竖直角的关系如何？

5. 观测水平角与竖直角时，用盘左、盘右观测可以消除哪些误差？能否消除仪器竖轴倾斜引起的误差？

6. 经纬仪有哪些主要轴线？他们之间应满足什么条件？

7. 在检验 $CC \perp HH$ 时，为什么要瞄准与仪器同高的目标？在检验 $HH \perp VV$ 时，为什么要瞄准一高处目标？

8. 什么叫指标差？用经纬仪瞄准一目标 A，盘左竖直度盘读数为 $91°18'24''$，盘右竖直度盘读数为 $268°44'48''$（盘左望远镜仰起，竖直度盘读数减小），这时 A 点正确的竖直角是多少？指标差是多少？盘右的正确读数应为多少？

9. 仪器对中误差及照准点偏心误差对测角的影响与偏心距 e 和边长 S 各有何关系？

第四章 距离测量和直线定向

1. 在进行一距离改正时，当钢卷尺实长大于名义长，量距时的温度高于检定时温度，此时尺长改正、温度改正和倾斜改正数为正还是负，为什么？

2. 名义长为 30m 的钢卷尺，其实际长为 29.996m，这把钢卷尺的尺长改正数为多少？若用该尺丈量一段距离得 98.326m，则该段距离的实际长度是多少？

3. 一钢卷尺经检定后，其尺长方程式为 $l_t = 30m + 0.004m + 1.2 \times 10^{-5} \times (t-20) \times 30m$，式中 30m 表示什么？+0.004m 表示什么？$1.2 \times 10^{-5} \times (t-20) \times 30m$ 又表示

什么？

4. 视距测量时，测得高差的正、负号是否一定取决于竖直角的正、负号，为什么？

5. 练习用 CASIOfx－4800p 计算器编制视距测量程序。

6. 为什么要进行直线定向？确定直线方向的方法有哪几种？

7. 什么是方位角、象限角？坐标方位角与象限之间有何关系？正、反坐标方位角之间有何关系？

8. 已知 A 点的磁偏角为西偏 $21'$，过 A 点真子午线与中央子中线的收剑角为 $+3'$，直线 AB 的坐标方位角 $\alpha=60°20'$，求直线 AB 的真方位角与磁方位角，并绘图说明之。

第五章 全站仪基本知识

1. 全站仪测量的基本数据有哪些？
2. 全站仪种类有哪些类型？
3. 全站仪有哪几部分组成？
4. 全站仪与普通经纬仪、测距仪相比有何优势？

第六章 全球定位系统简介

1. 请简述 GPS 的特点。
2. GPS 定位基本原理是什么？
3. GPS 定位方法有哪些？
4. 目前全球存在几个卫星定位系统？各自状况如何？

第七章 测量误差的基本知识

1. 什么是系统误差？什么是偶然误差？偶然误差有哪些特性？

2. 什么是"一次观测值中误差""算术平均值中误差""相对中误差"？试举例说明。

3. 应用误差传播定律时，等式右边是否要求各项误差必须线性无关？

4. 什么是一测回一方向的中误差？如一测回一方向的中误差为 $\pm6''$，则一测回测角中误差为多少？若要求测角中误差小于 $\pm3''$，需测几个测回？

5. 水平角测量，正倒镜观测主要是为了消除系统误差还是偶然误差？增加测回数是为了削弱系统误差还是偶然误差？

6. 在相同的观测条件下，观测了 10 个三角形，其闭合差为：$+2''$、$+4''$、$-5''$、$-5''$、$+8''$、$-4''$、$+7''$、$-8''$、$-9''$、$+8''$。试计算一次观测值中误差 m 并回答如下问题：

(1) 这 10 个三角形的每个三角形，其闭合差的中误差 m 是否相同？

(2) 根据中误差 m 计算极限误差 Δ，这 10 个三角形中是否有超过极限误差的三角形？

(3) 由三角形的一次观测中误差，计算一个角的测角中误差。

7. 假若规定红黑面高差之差的极限误差为 ± 5.6mm，计算红面高差、黑面高差、红黑面读数差及红黑面一站高差平均数的中误差。

8. 在视距测量中，高差的计算公式为 $h=\dfrac{1}{2}kl\cdot\sin2\alpha+i-s$ 或 $h=D\cdot\tan\alpha+i-s$，能否将后式微分后换成中误差关系式计算高差中误差 m_h？为什么？

第八章　小地区控制测量

1. 地形测量应遵循什么原则？为什么？
2. 平面控制网有哪几种形式？各有何优缺点？各在什么情况下采用？
3. 导线有哪几种布置形式？各适用于什么情况？
4. 导线测量的外业工作有哪些？
5. 选定导线点时应注意哪些问题？
6. 在导线测量的内业计算中，其角度闭合差调整的原则是什么？坐标增量闭合差调整的原则是什么？如何计算闭合导线、附合导线的坐标增量及坐标增量闭合差？
7. 在推算导线方位角时，按顺时针方向编号推算和按逆时针方向编号推算有何不同？
8. 选定三角控制点应注意哪些问题？
9. 小三角测量的外业工作有哪些？
10. 在小三角测量的内业计算中，角度闭合差的分配原则是什么？
11. 什么是基线闭合差？基线闭合差产生的原因有哪些？哪种原因是主要的？
12. 对两端有基线的小三角锁，为了消除基线闭合差，必须对角度进行第二次改正，且 $v_a=-v_b$，试问两者的符号能否互换？为什么？
13. 单一水准线路有哪几种形式？其闭合差的分配原则是什么？
14. 在进行四等水准测量时，用双面水准尺读数，测站上应做哪些检核？对一条水准路线有哪些限差规定？

第九章　大比例尺地形图的测绘

1. 什么是地物、地貌？表示地物的符号有哪几类？
2. 平面图和地形图有何不同？
3. 何谓等高线、等高距、等高线平距？等高线分哪几类？如何表示？
4. 等高线有哪些特性？并分别绘简图表示。
5. 什么是山脊线、山谷线？等高线的表现特征有何不同？
6. 根据什么原则勾绘等高线？
7. 简述经纬仪测绘法测图的工作步骤。
8. 电子测图有哪些优点？

第十章　地形图的应用

1. 如何识读地形图？
2. 如何在地形图上确定一直线的坡度？

3. 根据地形图求算汇水面积和库容的步骤是什么？为了保证求算的精度，应注意哪些问题？
4. 若在地形图上设计一土坝的位置，应如何确定其坡脚线？
5. 如何将建筑场地平整为水平场地？

第十一章　施工测量的基本工作

1. 放样与测图的区别何在？放样的精度与哪些因素有关？
2. 在地面上要测设一段 48.000m 的水平距离 AB，所使用的钢尺尺长方程式为 $l_t = 30\text{m} + 0.005\text{m} + 1.2 \times 10^{-5} \times (t-20) \times 30\text{m}$。测设时钢尺的温度为 12℃，所施于钢尺的拉力与检定的拉力相同。概量后测得 AB 两点间桩顶的高差 $h = 0.4\text{m}$，试计算在地面上需要量出的长度。
3. 利用高程为 37.531m 的水准点，要测设高程为 37.831m 的室内地坪标高，设尺子立在水准点上时按水准仪的视线在尺上画一条线，问在同一根尺上应该在什么地方再画一条线，才能使视线对准此线时，尺子底部就本室内地坪高程的位置？
4. 点的平面位置的放样方法有哪几种？各适用于什么情况？
5. 已知 $\alpha_{MN} = 300°04'$，$x_M = 14.22\text{m}$，$y_M = 86.71\text{m}$，$x_A = 42.34\text{m}$，$y_A = 85.00\text{m}$。试计算经纬仪安置在 M 点用极坐标法测设 A 点所需的数据，并绘制草图。

第十二章　工业与民用建筑中的施工测量

1. 如何进行建筑方格网主轴线的测设？
2. 如何进行厂房柱列轴线的放样？
3. 民用建筑施工中的测量工作有哪些？
4. 如何进行建筑物的沉降观测和倾斜观测？

第十三章　隧洞施工测量

1. 由两端对向开挖的隧洞，其贯通误差有哪些？原因何在？
2. 隧洞施工测量包括哪两部分？其目的分别是什么？
3. 为什么对于较长的隧洞定线时，必须建立施工控制网？
4. 试述旁洞、斜洞的洞外定线测量方法。
5. 试述通过竖井传递开挖方向的方法。

第十四章　渠　道　测　量

1. 渠道选线及中线测量包括哪些内容？
2. 有一盘山渠，已知渠首引水高程为 58.500m，渠深 1.500m，渠道坡降为 1/3000，试求离渠首 3.6km 处 B 点的渠顶高程，若该点附近有一水准点 BM_1 的高程 58.055m，将

水准仪置于 BM_1 和 B 点之间,在 BM_1 水准尺读数为 1.732m。试求 B 点的前视读数。

3. 什么是里程桩、加桩、中心桩?
4. 如何进行纵断面测量?精度要求怎样?
5. 如何进行横断面测量?
6. 简述边坡桩放样的方法。

第十五章 管道工程测量

1. 如何进行管道的中线测量?
2. 在管道施工测量中,如何进行高程的放样?
3. 如何进行纵断面测量?精度要求怎样?
4. 如何进行管道的竣工测量?

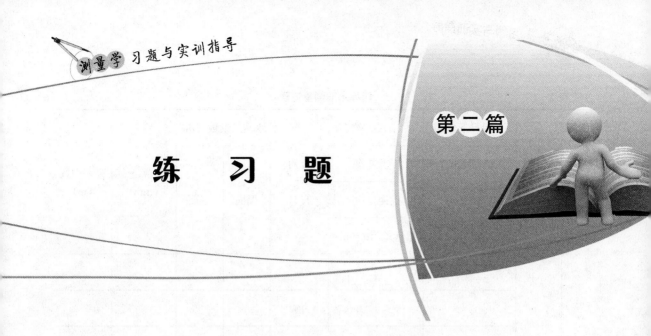

第二篇 练习题

习题一 四等水准测量记录计算

根据图 2-1 中所列四等水准测量的观测数据,将各站所得的红、黑面读数分别填入表 2-1 内,并进行计算及校核,检查各项误差是否超限,最后求出总高差。

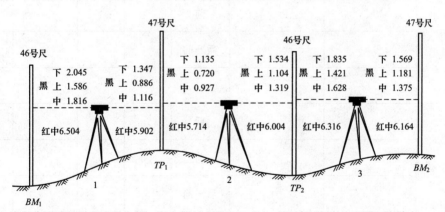

图 2-1

表 2−1　　　　　　　　　　　四等水准测量记录

测站编号	点号	后尺下丝	前尺下丝	方向及尺号	水准尺读数（m）		K＋黑－红（mm）	高差中数（m）
		后尺上丝	前尺上丝		黑面	红面		
		后距（m）	前距（m）					
		前后距差 d（m）	累计差 $\sum d$（m）					
				后				
				前				
				后－前				
				后				
				前				
				后－前				
				后				
				前				
				后－前				
误差计算		$\sum h=$						

习题二　水准测量闭合差的调整

图 2-2 为附合于三等水准点的四等水准路线，已知 $BM_{\text{III}-A}$ 的高程为 38.442m，$BM_{\text{III}-B}$ 的高程为 39.587m，试计算：

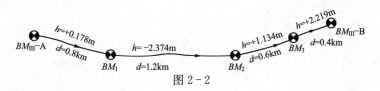

图 2-2

1. 测量误差是否在容许范围内（$\Delta h_{容}=\pm 20\sqrt{L}$ mm）；
2. 若闭合差在容许范围内，先进行闭合差的调整（表 2-2），然后求出 BM_1，BM_2，BM_3 的高程。

表 2-2　　　　　　　　　　　水准测量闭合差的调整

水准点编号	线路长度(km)	高差(m)			高程(m)
		观测值	改正值	改正后高差	
Σ					
计算	$\Delta h=$ $\Delta h_{容}=$ 每千米改正数：$\dfrac{-\Delta h}{\Sigma b}=$				

习题三 全圆测回法记录计算

用6″级光学经纬仪按全圆测回法观测水平角（图2-3），其所得观测数据列于表2-3，根据这些数据完成表格的各项计算，检查各项误差是否超限，并求出两测回平均值。

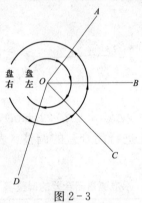

图2-3

表2-3　　　　　　　　　　　全圆测回法记录计算

测站	目标	水平度盘读数		盘左、盘右平均值 $\dfrac{左+(右\pm180°)}{2}$	归零方向值	各测回归零方向平均值	水平角值
		盘左 ° ′ ″	盘右 ° ′ ″	° ′ ″	° ′ ″	° ′ ″	° ′ ″
O	A	00 00 30	180 00 54				
	B	42 26 30	222 26 36				
	C	96 43 30	276 43 36				
	D	179 50 54	359 50 54				
	A	00 00 30	180 00 30				
O	A	90 00 36	270 00 42				
	B	132 26 54	312 26 48				
	C	186 43 42	06 43 54				
	D	269 50 54	89 51 00				
	A	90 00 42	270 00 42				

习题四 精密距离丈量

用30m钢卷尺丈量基线AB的长度,其各段丈量的结果,丈量时的温度,各尺段之高差均填于表2-4中,当温度20℃,拉力98N时,钢卷尺实际长度为30.0041m。试计算各尺段的平均长度、温度改正、倾斜改正、尺长改正及各项改正后的长度及基线总长(各项计算取至0.1mm)。

表2-4　　　　　　　　　精密距离丈量

尺段	次数	前尺读数(m)	后尺计数(m)	尺段长数(m)	尺段平均长度(m)	温度t 温度改正ΔL_t(mm)	高差h 倾斜改正ΔL_h(mm)	尺长改正ΔL_b(mm)	改正后的尺段长度(m)	备注
1	2	3	4	5	6	7	8	9	10	11
A-1	1	29.850	0.032			22.3°	+0.378			
	2	29.863	0.044							
	3	29.877	0.058							
1-2	1	29.670	0.057			23.1°	+0.247			
	2	29.688	0.076							
	3	29.691	0.078							
2-3	1	29.920	0.077			23.5°	+0.460			
	2	29.934	0.089							
	3	29.939	0.095							
3-B	1	7.570	0.064			24.1°	+0.105			
	2	7.579	0.072							
	3	7.589	0.083							

距离总长＝

习题五 视距测量计算

用经纬仪进行视距测量，其观测数据列于表 2-5（盘左视线水平时，竖盘读数为 90°，望远镜上仰竖盘读数减小），试用计算器计算各点的水平距离及高程。

表 2-5　视距测量计算

测站 A 测站高程 37.45m 仪器高 1.37m 视距常数 $K=100$

测点	尺上读数 (m)			视距间隔 (m)	竖盘读数		竖直角		水平距离 (m)	初算高差 (m)	高差 (m)	高程 (m)
	中丝	下丝	上丝		°	′	°	′				
1	1.37	2.086	0.663		86	15						
2	1.37	1.997	0.725		94	42						
3	2.00	2.675	1.331		93	21						
4	1.50	1.968	1.047		85	36						

习题六 测量误差的计算

1. 在一个三角形中观测了 α、β 两内角,其中误差分别为:$m_\alpha = \pm 15''$、$m_\beta = \pm 15''$,由 $180°$ 减去 $\alpha + \beta$ 求 γ 角,计算 γ 角的中误差。

2. 用经纬仪观测封闭六边形的六个内角,每个内角观测两测回取其平均值,每测回的中误差为 $\pm 15''$,试估算该六边形内角和的中误差为多少?

3. 设用经纬仪测量水平角，一测回的中误差为±15″，现测量三角形的三个内角，要求三角形闭合差不得大于±30″（容许误差为两倍中误差），问需要测几测回？

4. 在四等水准的闭合路线 $BM_1 \rightarrow A \rightarrow B \rightarrow BM_1$ 中 $h_1 = +0.178$m、$s_1 = 2$km，$h_2 = -2.374$m、$s_2 = 3$km，$h_3 = +2.184$m，$s_3 = 1$km。已知每千米高差的中误差为 $m = \pm 2.5$mm，求经闭合差调整后的高差 h'_1（h'_1 为 h_1 经闭合差调整后的高差，高差以 m 为单位）。

5. 设某钢卷尺长为 l，现用该尺连续量了 4 个尺段，得距离 D，若已知丈量一尺段的中误差 $m=\pm 2$mm，试求全长 D 的中误差为多少？

6. 在水准测量中，若照准及气泡居中的中误差为 $\pm 2''$，$\pm 1''$，现要求在尺上读数误差不得大于 ± 2mm（容许误差为两倍中误差），求仪器到水准尺的距离应不大于多少？

7. 在视距测量中，设读得视距间隔 $l=1.87$m，其中误差 $m_l=\pm 4$mm，竖直角 $\alpha=+3°15'$，其中误差 $m_\alpha=\pm 30''$，量取仪器高 i 的中误差 $m_i=\pm 5$mm，中丝读数 S 的中误差 $m_s=\pm 3$mm，求高差的中误差 m_h，水平距离的中误差 m_D，以及水平距离的相对中误差，并说明哪些误差对高差和水平距离的影响是主要的。

8. 在 1∶2000 地形图上量取 A、B 两点间距离六次，其结果如下：93.7，93.1，93.6，93.9，93.4，93.3（以 mm 为单位）。求下列值并填入表 2-6。

(1) 算术平均值；
(2) 量取一次的中误差；
(3) 算术平均值的中误差；
(4) 地面上的平均距离；
(5) 地面上平均距离的中误差；
(6) 平均距离的相对中误差。

表 2-6　　　　　　　　　　　测 量 误 差 的 计 算

观测次序	观测值	改正值 v	v^2	计算
1				
2				量取一次的中误差 $m=$
3				算术平均值的中误差 $M_d=$
4				地面上的平均距离 $D=$
5				地面上平均距离的中误差 $M_D=$
6				平均距离的相对中误差 $\dfrac{1}{N}=$
平均值		$[v]=$	$[v^2]=$	

9. 用水准仪从已知高程点 A 测至 B 点，A 至 B 的路线长度为 15km，现已知 A 点的高程中误差 $m_A=\pm10\text{mm}$，要求测定 B 点的高程中误差小于 $\pm40\text{mm}$，问每千米观测高差中误差应为多少？

习题七 闭合导线的计算

在图 2-4 中，$ABCD$ 为一闭合导线，其观测数据（角度，边长，起始方位角），在图上已注明，已知导线点 A 的坐标 $x_A=1000.000\text{m}$，$y_A=1000.000\text{m}$。角度精确至（″），边长、坐标精确至 mm。

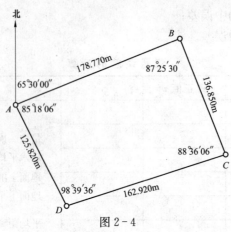

图 2-4

据此在表 2-7 内计算导线点 B、C、D 的坐标。

习题八 附合导线的计算

在图 2-5 中，导线附合在三角点 B、C 上，其野外观测数据（边长及角度）已注在图上。已知：

B 点的坐标 $x_B=5806.000\text{m}$，$y_B=785.000\text{m}$；

C 点的坐标 $x_C=5475.620\text{m}$，$y_C=1223.100\text{m}$；

AB 边的方位角 $\alpha_{AB}=149°40'00''$；

CD 边的方位角 $\alpha_{CD}=8°52'55''$。

据此在表 2-8 中计算导线点 1、2 的坐标。

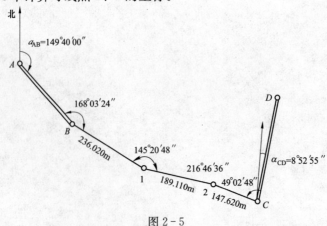

图 2-5

表 2-7　闭合导线计算

测站	角度观测值 ° ′ ″	改正值 ″	改正后角值 ° ′ ″	方位角 ° ′ ″	边长 (m)	坐标增量计算值 (m) $\Delta x'$	$\Delta y'$	改正数	改正后坐标增量 (m) Δx	Δy	坐标值 (m) x	y
1	2	3	4	5	6	7			8		9	
计算	$\Sigma d =$ $f_\beta =$ $f_{\beta允} =$					$\Sigma \Delta x =$ $f_x =$ $f = \sqrt{f_x^2 + f_y^2} =$			$\Sigma \Delta y =$ $f_y =$ $K = \dfrac{f}{\Sigma d} =$			

表 2-8　　　附合导线计算

测站	角度观测值 ° ′ ″	改正值 ″	改正后角值 ° ′ ″	方位角 ° ′ ″	边长 (m)	坐标增量计算值 (m)		改正后坐标增量 (m)		坐标值 (m)	
						$\Delta x'$	$\Delta y'$	Δx	Δy	x	y
	1	2	3	4	5	6	7		8		9
计算	$\sum d =$ $f_\beta =$ $f_{\beta \hat{\pi}} =$					$\sum \Delta x =$ $f_x =$ $f = \sqrt{f_x^2 + f_y^2} =$		$\sum \Delta y =$ $f_y =$ $K = \dfrac{f}{\sum d} =$			

习题九 等高线的勾绘（目估法）

图2-6为某地区野外碎部测量成果，试根据各碎部点高程用目估法勾绘出该地区的等高线（基本等高距为1m）。

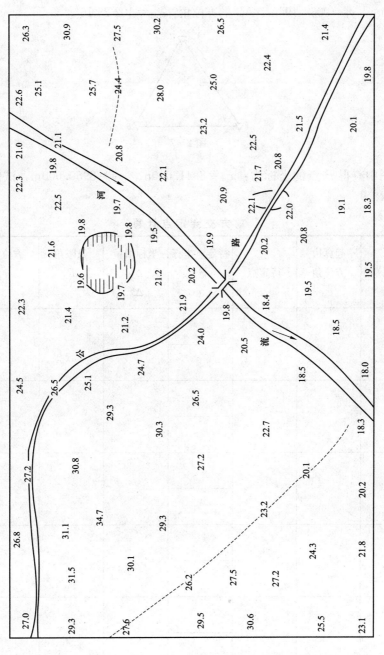

图2-6

习题十 交会角的计算

如图 2-7 所示，A、B 为已知的控制点，其坐标为 $x_A=8743.015\text{m}$，$y_A=8798.008\text{m}$，$x_B=8691.436\text{m}$，$y_B=9032.194\text{m}$，AB 的方位角：$\alpha_{AB}=102°25'16''$。

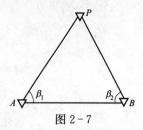

图 2-7

从设计图中查得 P 点的坐标为：$x_P=8941.000\text{m}$，$y_P=8950.000\text{m}$，试计算放样角 β_1 和 β_2，见表 2-9。

表 2-9　　　　　　　　　　前方交会定点计算

测站点	测站点坐标 y x	起算点	起算边方位角 ° ′ ″	待定点	待定点坐标 y x	坐标增量 Δy Δx	象限角 R ° ′ ″	方位角 α ° ′ ″	放样角 β ° ′ ″

习题十一 渠道纵断面水准测量记录计算

根据图 2-8 中所列渠道纵断面水准测量的观测数据，将各站测得数字填入表 2-10 内，并用视线高法计算各中心桩的高程（已知 $H_{BM1}=37.243\text{m}$，$H_{BM2}=39.666\text{m}$）。

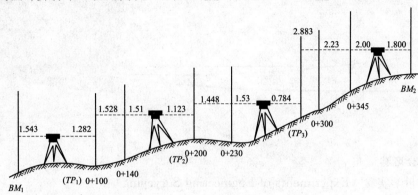

图 2-8

表 2-10　　　　　　　　　　纵断面水准测量记录

测点	后视读数 (m)	视线高程 (m)	前视读数 (m)		测点高程 (m)	备注
			中间点	转点		
						路线校核计算 $\Delta h =$ $\Delta h_{容} =$
Σ						
计算校核						

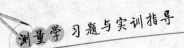

第三篇

测量实验指导

一、实验名称

工程测量学实验（Experiments of Engineering Surveying）

二、面向专业

水利水电工程、农田水利、水文水资源、治河工程、土木工程、给排水、港航、城市规划等专业。

三、学时与学分

学时：36学时，学分：1.0学分。

四、实验内容及操作基本要求

1. 实验前应认真阅读实验指导书，做好预习，明确实验目的和要求、方法和步骤，记录与计算规则，以保证按时保质保量地完成实验任务。

2. 严格遵守作息时间，不得迟到或无故缺课，同组学生不得以任何借口代替缺课者完成本次实验。实验因故缺课者，应另找时间补做，并由实验室教师签字方能认可。

3. 上实验课时，学生应认真听取教师对本次实验方法和具体要求的讲解和布置，再以实验小组为单位到实验室填写仪器领用单，领用时应检查仪器、工具是否完好。在实验时，学生应像爱护自己的眼睛一样爱护仪器和工具。

4. 每个小组应按照要求有计划地完成实验内容，每个学生应轮流完成各个实验环节。同学之间要相互配合，相互学习，遇到困难或发现问题要及时解决，不要相互埋怨。

5. 实验时要求爱护校园内的各种设施和花草树木。

6. 实验结束时，应当场提交实验成果，经指导教师审阅同意后，才能归还仪器。如果成果不合格，应及时重测。

7. 归还仪器前，应清点各项用具。若遗失或损坏仪器或工具，应按规定赔偿。

实验一 水准仪的认识、等外水准测量

【目的要求】

1. 了解掌握水准仪基本构造,并能正确使用水准仪,掌握读数方法。
2. 掌握闭合水准路线闭合差的概念。

【实验仪器】

水准仪、脚架、水准尺。

【实验组织】

实验学时为2学时,2~4人一组,轮流分工为:1人操作仪器,1人记录计算,2人立水准尺或将水准尺固定在实验场地内。

【操作要求】

1. 掌握水准仪的安置,整平以及读数方法。
2. 掌握一个测站水准测量的基本操作步骤。
3. 由3个测点构成一个闭合环,观测3段高差求出闭合路线的闭合差f_n,按$f_{n允} = \pm10\sqrt{n}$ mm求出闭合差的允许值,若观测值超限,则进行返工重测。
4. 按实验报告完成记录计算工作。

【操作要点】

1. 在选择测站或转点时,应尽量避免车辆、行人或相互干扰。
2. 读数前应消除视差,微倾式水准仪应严格注意符合气泡居中。
3. 水准尺应直立,已知高程的水准点上不能放尺垫。
4. 同一测站,圆水准器只能整平一次。
5. 在迁站时,上一站前视尺尺垫不得移动。

【技术要求】

1. 视线长度不得超过100m;
2. 闭合差的允许值为

$$\Delta h_{允} = \pm10\sqrt{n} \text{ (mm)}$$

或

$$\Delta h_{允} = \pm40\sqrt{L} \text{ (mm)}$$

式中,n为测站数,L为水准路线长度,以km计。

表 3-1　　　　　　　　　　　　水 准 测 量 记 录

日期_____　　观测者_____

仪器_____　　记录者_____

测站	测点	后视读数（m）		高差（m）		高程	备注
		前视读数（m）		+	−	（m）	
		后					
		前					
		后					
		前					
		后					
		前					
		后					
		前					
		后					
		前					
		后					
		前					
		后					
		前					
计算的校核		Σ后					
		Σ前					
误差计算		$\Delta h =$ $\Delta h_{容} = \pm 10\sqrt{n}$ （mm）=					

实验二 水准仪的检验与校正

【目的要求】

1. 掌握水准仪的主要轴线以及轴线间必须满足的条件。
2. 熟悉水准仪检验校正的项目。
3. 熟练掌握每个项目的检验和校正方法。

【实验仪器】

水准仪、水准尺、脚架。

【实验组织】

实验学时为2学时，2~4人一组，轮流分工为：1人操作仪器，1人记录计算，2人立水准尺或将水准尺固定在实验场地内。

【操作要求】

1. 检验圆水准器轴 L_fL_f 平行于竖轴 VV 时应旋转180°。
2. 检验十字丝横丝垂直于竖轴时可以瞄准一个点或一条铅直线进行检验。
3. 检验视准轴 CC 平行于水准管轴 LL 时两个水准尺相距50m左右为宜。

【操作要点】

1. 检验和校正按照顺序进行，不能任意颠倒。
2. 在选择测站时，可用步测法或目估法将仪器安置在两尺等距处。
3. 测量正确高差后，可以将仪器安置在任意一尺的附近，距离水准尺约3m处。具体操作方法如下：
(1) 先将仪器置于距两尺 A、B 等距处，测得正确高差 h_{AB}。
(2) 将仪器移至一尺附近，测得高 h'_{AB}，如 $h'_{AB} - h_{AB} > \pm 3mm$，则需校正。
(3) 要求正确计算远尺上正确读数，掌握用校正针拨水准管上、下校正螺丝的方法。
(4) 按要求正确进行记录计算并绘图。

【技术要求】

1. 各项要求经检验如果满足要求，则不需要校正，但必须清楚校正时如何操作。
2. 如果发现不满足要求，则必须在老师的指导下进行校正，校正时用力要轻，以免损坏仪器。
3. 水准管轴平行于视准轴的允许残余误差为3mm。

表 3-2 水准仪检验与校正
（水准管的检验与校正）

日期_____ 仪器_____ 检校者_____

仪器安置位置		A 尺读数（m）	B 尺读数（m）	高差（m）	应对准的正确读数（m）
仪器在两尺中间	第一次			平均高差	
	第二次				
仪器在尺附近					

按如下要求绘出草图：
1. A、B 两尺所在地面高低情况；
2. 仪器安置的大致位置；
3. 所用水准仪视准轴的倾斜方向。

实验三 四等水准测量

【目的要求】

1. 掌握四等水准测量的观测方法、记录计算方法。
2. 掌握四等水准测量的各项限差规定。

【实验仪器】

水准仪、双面水准尺、尺垫、脚架。

【实验组织】

实验学时为2~4学时,4人一组,轮流分工为:1人操作仪器,1人记录计算,2人立水准尺。

【操作要求】

1. 严格按照四等水准测量观测程序进行每一站和整个路线的实施。
2. 立尺者应将水准尺竖立铅直。

【操作要点】

1. 需要满足普通水准测量的注意事项。
2. 在选择测站时,用步测法使前后视距大致相等。
3. 在同一测站,应尽量减少前后视距读数的间隔时间。
4. 每站观测完毕应立即进行计算,满足要求后才能搬站,若超限应立即重测。

【技术要求】

1. 前距、后距不得超过100m。
2. 前后视距差不得大于3m。
3. 前后距累计差不得大于10m。
4. "$K+$黑$-$红"不得超过3mm。
5. "$h_{黑}-(h_{红}\pm 0.1)$"不得超过5mm。
6. 闭合差的允许值为

$$\Delta h_{允}=\pm 6\sqrt{n} \text{（mm）}$$

或

$$\Delta h_{允}=\pm 20\sqrt{L} \text{（mm）}$$

式中,n为测站数,L为水准路线长度,以km计。

表 3-3　　　　　　　　　　　　　　四等水准测量记录

日　期_____　　　天　气_____　　　仪　器_____

观测者_____　　　记录者_____　　　检查者_____

测站编号	点号	后尺下丝 后尺上丝 后距（m） 前后距差 d（m）	前尺下丝 前尺上丝 前距（m） 累计差 $\sum d$（m）	方向及尺号	水准尺读数（m）		K＋黑－红（mm）	高差中数（m）
					黑面	红面		
				后				
				前				
				后－前				
				后				
				前				
				后－前				
				后				
				前				
				后－前				
				后				
				前				
				后－前				
				后				
				前				
				后－前				
误差计算	$\Delta h=$ $\Delta h_{容}=\pm 20\sqrt{L}$（mm）＝ 或 $\Delta h_{容}=\pm 6\sqrt{n}$（mm）＝							

实验四 测回法测水平角

【目的要求】

1. 掌握光学经纬仪的基本构造,能熟练地进行对中、整平、瞄准和读数。
2. 用测回法进行水平角观测的观测方法及记录计算方法。

【实验仪器】

经纬仪、脚架。

【实验组织】

实验学时为2学时,2~4人一组,每人观测一个测回,记录一个测回。

【操作要求】

1. 掌握经纬仪构造及使用,能熟练地安置仪器,进行对中、整平,瞄准及读数。
2. 掌握测回法观测水平角的方法以及记录计算。
3. 掌握测回法测角的限差规定,如超限必须返工重测。

【操作要点】

1. 经纬仪安放在三脚架上后,必须旋紧连接螺丝,使其连接牢固。
2. 在利用光学对中时,对中误差一般不得超过1mm。整平仪器时,整平误差不要超过半格。
3. 观测过程中,若水准管气泡偏离中心位置,其值不得大于一格。同一测回内气泡偏离居中位置大于一格则需重测该测回。不允许在同一测回内整平仪器。不同测回之间可以重新整平仪器。
4. 手簿的记录计算一律取到秒,手簿中的数字,分和秒一律要写两位数字。
5. 在一个测回中,不得重新配置度盘。

【技术要求】

使用6″级的仪器观测时上下两个半测回之差不超过36″,测回差不超过24″。各测回的起始读数应加以变换,度盘变换值按$180°/n$计算(n为测回数)。

表 3－4　　　　　　　　　　　水平角观测记录（测回法）

日　期＿＿＿＿＿＿＿＿＿＿＿＿　天　气＿＿＿＿＿＿＿＿＿＿＿＿　仪　器＿＿＿＿＿＿＿＿＿＿＿＿

观测者＿＿＿＿＿＿＿＿＿＿＿＿　记录者＿＿＿＿＿＿＿＿＿＿＿＿　检查者＿＿＿＿＿＿＿＿＿＿＿＿

测站	目标	竖盘位置	水平度盘读数 ° ′ ″	半测回角值 ° ′ ″	一测回平均角值 ° ′ ″	各测回平均角值 ° ′ ″

实验五　全圆测回法测水平角

【目的要求】

掌握全圆测回法的观测方法以及记录计算方法。

【实验仪器】

经纬仪、脚架

【实验组织】

实验学时为 2 学时，2~4 人一组，每人观测一个测回，记录一个测回。

【操作要求】

1. 对 3 个目标 A、B、C 进行全圆测回法观测。
2. 掌握观测记录和计算方法。
3. 掌握全圆测回法测水平角的各项限差规定，超限必须重测。

【操作要点】

1. 进一步掌握经纬仪的操作要领，继续熟悉经纬仪的整平和对中的要点，提高仪器安置效率。
2. 应选择远近适中，易于瞄准的清晰目标作为起始方向。
3. 上半测回应顺时针旋转照准部逐个瞄准目标进行观测，下半测回应逆时针旋转照准部逐个瞄准目标进行观测。
4. 数据记录时，盘左从上往下顺序记录，盘右从下往上顺序记录。
5. 对比测回法和全圆测回法的异同，分析不同的观测方法对测角精度的影响，思考观测时瞄准方向的先后次序对测角精度的影响。
6. 分析不同的对中方法对测角精度的影响，利用以上规律说明选择对中方式的原则。

【技术要求】

1. 使用 6″级的仪器观测时半测回之归零差不超过 24″，各测回同一方向的归零值之差不超过 24″。
2. 各测回的起始读数应加以变换，度盘变换值按 $180°/n$ 计算（n 为测回数）。

表3-5　水平角观测记录（全圆测回法）

日期_____　天气_____　仪器_____　观测者_____　记录者_____　检查者_____

测站（测回）	目标	水平度盘读数		盘左盘右平均值 $\dfrac{左+(右\pm180°)}{2}$ ° ′ ″	归零方向值 ° ′ ″	各测回归零方向平均值 ° ′ ″	水平角值 ° ′ ″
		盘左 ° ′ ″	盘右 ° ′ ″				

实验六 竖直角观测与视距测量

【目的要求】

1. 掌握竖直角观测方法。
2. 掌握视距测量方法及计算。

【实验仪器】

经纬仪、脚架、视距尺。

【实验组织】

实验学时为 2 学时，2~4 人一组。每位同学瞄准同一把视距尺观测两次（一次使中丝对准仪器高，另一次使中丝对准一个整数）。

【操作要求】

1. 正确理解水平角观测和竖直角观测时瞄准的异同。
2. 正确读取视距尺的读数，避免视差的影响。

【操作要点】

1. 视距尺应立直。
2. 量取仪器高时，应从测站点量到经纬仪横轴中心处，且精确到厘米位。
3. 读取竖直角前，应使指标水准管气泡居中，竖直度盘读数应读至秒位。
4. 估读视距尺上毫米位时应尽量准确。
5. 中丝读数和竖直度盘读数必须对应。

【技术要求】

1. 水平距离计算到 0.01m，高差计算到 0.01m。
2. 同一台仪器瞄准同一把视距尺观测两次，水平距离的相对误差 $k \leqslant 1/200$，高差误差 $\Delta h \leqslant 3 cm$。

表 3-6　　　　　　　　　　　　　　竖直角观测与视距测量

日　期_____　时　间_____　天　气_____　仪　器_____　测　站_____
零方向_____　测站高程_____　仪器高_____　观测者_____　记录者_____

测点	水平角 ° ′ ″	水准尺读数(m)		视距间距 (m)	竖直角 α		高差 (m)	水平距离 (m)	测点高程 (m)	备注
		中丝	下丝 上丝		竖盘读数 ° ′ ″	竖直角 ° ′ ″				

实验七 经纬仪的检验与校正

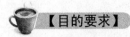【目的要求】

1. 要求掌握经纬仪检验和校正的基本原理。
2. 掌握经纬仪的检验和校正方法。

【实验仪器】

经纬仪、脚架。

【实验组织】

实验学时为2学时，2~4人一组。每个同学每个项目做一次。

【操作要求】

视准误差和竖直度盘指标差的检验可以同时进行，校正时根据仪器的不同按不同程序操作。

【操作要点】

1. 检验和校正按照顺序进行，不能任意颠倒。
2. 各项内容经检验，如条件满足，则不进行校正，但必须清楚如何校正。
3. 如果发现不满足要求，则必须在老师的指导下按程序进行校正。
4. 检验数据正确时才能进行校正，不要盲目用校正针拨动校正螺丝；校正结束后，各校正螺丝必须处于稍紧状态。
5. 校正完毕后必须再次检验。

【技术要求】

1. 照准部水准管轴垂直于竖轴的残余误差不超过半格。
2. 视准误差的残余误差不超过30″。
3. 竖盘指标差的残余误差不超过30″。

表 3-7　　　　　　　　　　经纬仪视准轴的检验和校正记录

仪器型号＿＿＿＿＿＿＿＿＿＿＿＿＿＿＿　　检验校正者＿＿＿＿＿＿＿＿＿

观测类型	竖直度盘位置	度盘读数 ° ′ ″	盘右时正确读数 ° ′ ″	视准误差
检验观测				

填空：

1. 所用仪器的视准误差是＿＿＿＿＿，其计算公式为 $C=$ ＿＿＿＿＿。
2. 盘右的正确读数是＿＿＿＿＿，计算公式为＿＿＿＿＿。
3. 校正的步骤是＿＿。

表 3-8　　　　　　　　　经纬仪竖直度盘指标差的检验和校正记录

仪器型号＿＿＿＿＿＿＿＿＿＿＿＿＿＿＿　　检验校正者＿＿＿＿＿＿＿＿＿

观测类型	竖直度盘位置	竖直度盘读数 ° ′ ″	竖直角 ° ′ ″	指标差 ″	盘右时竖直度盘的正确读数 ° ′ ″
检验观测					

填空：

1. 盘左时，上仰望远镜读数＿＿＿＿＿（填"增加"或"减少"），因此，竖直角计算公式是 $\alpha_L=$ ＿＿＿＿＿，$\alpha_R=$ ＿＿＿＿＿。
2. 所用仪器的指标差是＿＿＿＿＿，计算公式为 $i=$ ＿＿＿＿＿。
3. 盘右时竖直度盘的正确读数是＿＿＿＿＿，计算公式为 $R_{正}=$ ＿＿＿＿＿。
4. 校正的步骤是＿＿。

实验八 距离丈量与直线定向

【目的要求】

1. 了解掌握用钢尺进行一般量距的方法。
2. 掌握直线定向的方法以及原理。
3. 了解掌握罗盘仪的构造及使用方法。

【实验仪器】

钢尺、花杆、测钎、罗盘仪。

【实验组织】

实验学时为 2 学时，4～6 人一组。做好分工合作，依照观测顺序依次进行。

【操作要求】

1. 距离丈量时需要测量的时水平距离，如果地面不平时必须使钢卷尺水平。
2. 罗盘仪进行磁方位角观测时应进行往返观测。

【操作要点】

1. 爱护钢尺，不要在地面上拖擦，不要使其折绕和受压，使用完毕擦净卷好。
2. 丈量时钢尺要拉平，用力均匀一致。
3. 使用钢尺时要看清零点，读数至毫米位。
4. 使用罗盘仪定向时，周围不要有电磁场干扰。
5. 罗盘仪使用完毕后应固定磁针。

【技术要求】

1. 钢尺量距时，往返观测的相对误差应不大于 1/2000。
2. 正反磁方位角误差应小于 2°。

表 3-9			距离丈量记录			边名_____
日期_____		天气_____	观测者_____			记录者_____

						全长
往测	测段					
	距离					
	h 或 α					
	平距					
返测	测段					
	距离					
	h 或 α					
	平距					

简述是否要对全长进行尺长改正和温度改正。

计算：

1. 平均长度 $L_0 = \dfrac{L_{往} + L_{返}}{2} =$

2. 较差 $\Delta L = L_{往} - L_{返} =$

3. 相对误差 $= \dfrac{\Delta L}{L_0} = \dfrac{1}{\dfrac{L_0}{\Delta L}} =$

实验九 电磁波测距

【目的要求】

1. 掌握电磁波测距的原理。
2. 电磁波测距仪的构造及使用。

【实验仪器】

电磁波测距仪、反射镜、脚架。

【实验组织】

实验学时为2学时，4~6人一组。做好分工合作，依照观测顺序依次进行。

【操作要求】

1. 测距仪属于高精度精密仪器，使用时应特别注意安全。
2. 测量的同时了解电磁波测距仪的构造及观测方法。

【操作要点】

1. 电磁波测距仪需要耗电因此实验之前要保证对仪器电池进行持续充电。
2. 阳光下观测要对仪器进行适当的遮挡，避免太阳直射。
3. 避免电磁环境的干扰。

【技术要求】

1. 测定气象常数进行精密测距的气象改正。
2. 根据测量等级要求选择适当的测距精度。

表 3-10　　　　　　　　　　全站仪测设和测定记录

日期_____　时 间_____　天 气_____

仪器_____　观测者_____　记录者_____

1. 设站信息

点类型	坐标(m)		高程(m)	定向方位角(° ′ ″)
	X	Y	H	
测站点				
后视点				

2. 测定

测站 (仪器高)	目标 (棱镜高)	水平度 盘读数 ° ′ ″	垂直度 盘读数 ° ′ ″	竖直角 ° ′ ″	斜距 (m)	平距 (m)	高差 (m)	X (m)	Y (m)	H (m)

3. 测设

测站 (仪器高)	目标 (棱镜高)	X (m)	Y (m)	H (m)	放样方位角 (水平度盘读数) ° ′ ″	放样平距 (m)	放样高差 (m)	距离检查 (m)

实验十 地形测量

【目的要求】

掌握经纬仪配合小平板的地形图测绘方法。

【实验仪器】

经纬仪、地形尺、小平板、量角器、脚架等。

【实验组织】

实验学时为2~4学时,5人一组,一人观测、一人记录、一人计算、一人绘图、一人立尺,轮流操作。

【操作要求】

1. 掌握碎部测量原理及方法。重点掌握经纬仪配合小平板的碎部测量方法。
2. 在一个控制点上安置仪器,测量周围的地物和地貌点,采用边测边绘的方法。对于地物,应按图例规定绘制地物轮廓线;对于地貌应根据特征点按规定等高距用内插法勾绘等高线。

【操作要点】

1. 经纬仪的指标差应事先进行检验并校正,指标差应不大于$1'$。
2. 应随测、随算、随绘。
3. 选择碎部点时应选择地物和地貌的特征点。
4. 小组成员应密切配合,保质保量地完成测图工作。

【技术要求】

1. 测图比例尺为1∶500。
2. 所有观测项目只观测盘左位置,水平角和竖盘读数读至分,上、下丝,中丝读数读至毫米。
3. 碎部点的距离和高程计算至厘米。

表 3-11　　　　　　　　　　经纬仪测绘法测地形图记录表

日　期_____　时　间_____　天　气_____　仪　器_____　测　站_____

零方向_____　测站高程_____　仪器高_____　观测者_____　记录者_____

测点	水平角 ° ′ ″	水准尺读数(m)		视距间距 (m)	竖直角 α		高差 (m)	水平距离 (m)	测点高程 (m)	备注
		中丝	下丝 上丝		竖盘读数 ° ′ ″	竖直角 ° ′ ″				

实验十一 全站仪使用

【目的要求】

掌握全站仪的构造及使用方法。

【实验仪器】

全站仪、反射镜、脚架。

【实验组织】

实验学时为2～4学时,4人一组,一人观测、一人记录、一人计算、一人立尺。

【操作要求】

掌握全站仪的构造、使用及读数方法。熟练地应用全站仪进行角度、距离、高差及三维坐标的观测方法。

【操作要点】

1. 在观测前,应认真听老师的介绍,认真阅读说明书上关于设站、测量和放样的介绍。
2. 采用光学对中的方式安置仪器。
3. 量取仪器高时应量到毫米位。
4. 在测量时,跟踪杆应正确地立在被测点上。
5. 放样时,应根据全站仪的提示先确定放样点的方向,然后指挥跟踪杆在这一方向上前后移动,直到满足要求为止。

【技术要求】

1. 观测和放样只需盘左观测。
2. 至少观测三个点的坐标,这三个点必须有某种关系,如在一条线上、成直角等,以方便于检查测量成果。
3. 放样两个点后,应根据两点之间的计算距离检查实际放样在地面上点的距离,放样点距离测站点较近时,点间距在地面上不能超过1cm。

表 3-12　全站仪的认识和使用记录表

日期　　　　　时间　　　　　天气　　　　　仪器　　　　　观测者　　　　　记录者　　　　　

测站(仪器高)测回数	目标(棱镜高)	竖直度盘位置	水平度盘读数 °　′　″	一测回方向值 °　′　″	竖直度盘读数 °　′　″	竖直角 °　′　″	斜距 (m)	平距 (m)	高差 (m)
		盘左							
		盘右							
		盘左							
		盘右							
		盘左							
		盘右							
		盘左							
		盘右							
		盘左							
		盘右							
		盘左							
		盘右							
		盘左							
		盘右							
		盘左							
		盘右							

实验十二 电子平板测图

【目的要求】

1. 掌握电子平板测图的原理、熟悉测图软件。
2. 初步掌握电子平板测图的方法。

【实验仪器】

全站仪、反射镜、脚架、便携式电脑、测图软件。

【实验组织】

实验学时为2～4学时，4～5人一组，一人观测、一人记录、一人计算、一人绘图、一人立棱镜，轮流操作。

【操作要求】

1. 掌握测图原理、了解测图软件的功能和使用。
2. 初步掌握电子平板测图方法。

【操作要点】

1. 在实验前，应认真听老师的介绍，认真阅读说明书上关于数据传输的介绍，连接线的连接应小心谨慎，不要用力插拔；
2. 数据传输完毕后，应关闭全站仪开关，将全站仪放入仪器箱。
3. 通过比较小平板仪和电子平板测图原理方面的异同，分析影响测图精度的因素。

【技术要求】

1. 按照地形图图式要求进行地物的绘制。
2. 按照要求进行等高线的绘制。
3. 观测和放样只需盘左观测。
4. 至少观测三个点的坐标，这三个点必须有某种关系，如在一条线上、成直角等，以方便于检查测量成果。

表 3-13　　　　　　　　　　　　　　电子平板测图

日期_____时间_____仪器_____绘图者_____

描述电子平板测图的全过程：

实验十三 渠 道 测 量

【目的要求】

1. 掌握渠道中线测量方法。
2. 掌握纵断面水准测量的方法及记录计算、校核方法。
3. 绘制纵横断面图。

【实验仪器】

水准仪、水准尺、脚架、皮尺等。

【实验组织】

实验学时为 2~4 学时，4~5 人一组，一人观测、一人记录、一人计算、两人立尺，轮流操作。

【操作要求】

1. 掌握渠道中线测量方法。
2. 熟练掌握渠道纵断面水准测量方法及记录计算。
3. 掌握渠道横断面的测量方法。
4. 进行所测的渠道纵、横断面图绘制。

【操作要点】

1. 在读作为中间点的前视读数时因无检核条件，所以应认真仔细，以免出错。
2. 由于各桩高程要求不是很高，如果整条水准路线满足限差要求，可以不进行闭合差的调整。

【技术要求】

1. 中线桩 20m 一个，根据具体地形增加地貌和地物加桩。
2. 纵断面水准测量的高程允许闭合差按五等水准测量的要求执行，其闭合差不得超过 $\pm 10\sqrt{n}$（mm）（n 为测站数）。
3. 在量中线时只需精确到 0.1m。
4. 在纵断面测量时，后视和作为转点的前视读数必须读至毫米，作为中间点的前视读数读至厘米即可。

表 3-14　　　　　　　　　　　　　渠道（或管道）测量

日期_____　　　　　时　间_____　　　　　天　气_____
仪器_____　　　　　观测者_____　　　　　记录者_____

测点	后视读数 (m)	视线高程 (m)	前视读数（m）		测点高程 (m)	备注
			中间点	转点		
Σ						
计算校核						
成果校核						

实验十四 GNSS 定 位

【目的要求】

1. 掌握 GNSS 定位原理。
2. GNSS 接收机的构造及观测方法。

【实验仪器】

GNSS 接收机、便携式电脑、相关软件。

【实验组织】

实验学时为 2 学时，4~6 人一组，4 个实验小组为一实验大组，各小组轮流操作。

【操作要求】

1. 了解 GNSS 定位原理。
2. 通过教师的演示操作，了解 GNSS 的静态定位方法。

【操作要点】

1. 测量型 GNSS 接收机价格昂贵，在安置和使用时必须严格遵守操作规程，注意爱护仪器。
2. 使用时仪器注意防潮、防晒。
3. GNSS 接收机主机与天线的接口具有方向性，安置前应小心。
4. 避开高压线、变压器等强电场干扰源，消除电磁干扰和多路径效应。

【技术要求】

1. 根据观测网的等级确定观测时长。
2. 注意 PDOP 值对观测数据精度的影响。
3. 对高精度控制网，必须采用静态广场的方法，同时要根据规范确定同步观测时长，消除或削弱多种误差的影响。

表 3 – 15　　　　　　　　　　GNSS 接收机的认识和使用

日期_____　时间_____　天气_____　仪器_____　测站点_____

测站点高程_____　仪器高_____　观测者_____　记录者_____

1. 绘制某一时刻的卫星分布图。

2. 根据实际测量情况填写下面表格。

点号	时间	经度(° ′ ″)	纬度(° ′ ″)	高程(m)	定位模式	精度因子	锁定卫星	可视卫星

第四篇 测量实习指导

一、实习名称

测量实习（Practice of Surveying）。

二、实习的性质

本实习为教学实习。

三、学时与学分

本实习应在《测量学》课程完成后进行，一般安排在第二学年的第一学期或第二学期进行。时间为一周（五天），0.5学分。

四、实习的目的及内容

（一）实习的目的如下所述：

(1) 能正确地使用 S_3 型水准仪及 J_6 型经纬仪等测量仪器，并掌握其检验校正方法；

(2) 掌握小地区大比例尺地形测量的全过程；

(3) 掌握施工测量及渠道测量（或路线测量）的基本方法；

(4) 了解大坝变形观测的基本方法及有关工程测量新技术；

(5) 能初步运用测量误差的基本知识，指导有关测量工作，鉴别测量成果的质量，正确地使用各种测量资料，在自学和分析问题以及组织工作能力上有较大提高。

（二）实习的内容及具体要求如下：

1. 地形测量

每组（4～6人）完成比例尺 1∶500，面积为 100m×150m 地形图一张，各项具体要求如下：

(1) 平面控制。一般采用钢尺量距的闭合导线，如有条件，亦可采用红外测距的闭合导线，或两端有基线的三角锁。当采用钢尺量距闭合导线时，应满足下列要求：

1) 水平角观测用 J_6 型经纬仪按测回法测量导线的内角，每个角度测两测回，测回差不得大于 40″。

2) 丈量导线边边长用目视定线，用钢卷尺丈量导线的边长，读数取至 mm。每边进行往返丈量，往返丈量的相对误差不得大于 1/2000。

3) 方位角测量用罗盘仪按正反方向测定导线起始边的方位角，正、反方位角的误差不得大于 1°，若在允许范围内取其平均值作为起始边的方位角。

4) 导线计算时角度一律取至秒，边长、坐标增量和坐标一律取到厘米。导线的角度闭合差允许值 $\Delta\beta_允=\pm60''\sqrt{n}$（$n$ 为导线的角度个数），导线全长的相对闭合差不得大于 $\dfrac{1}{2000}$，如超限，应分析原因进行返工。

（2）高程控制。

1) 在测区内设水准点（测区内若已有水准点，则此项可不做）。

2) 测定平面控制点的高程用 S_3 型水准仪按四等水准测量的方法和精度测定所有平面控制点的高程，水准路线应构成闭合或附合的形式。闭合差的允许值 $\Delta h_允=\pm20\text{mm}\sqrt{L}$（$L$ 为水准路线长度，以千米计）。

3) 高程计算若高程闭合差在允许范围内，则将误差按距离成比例分配，最后算得各平面控制点的高程（取至 mm）。

（3）测图前的准备工作。

1) 编制控制测量成果表。

2) 绘制方格网用钢直尺绘制 10cm×10cm 的方格网（共六个方格面积 20cm×30cm），方格的长度误差以及对角线的检查误差不得大于 0.2mm。

3) 展绘控制点根据控制点的坐标将其展绘于方格网内，展绘后应进行角度和边长检查，边长误差在图上不大于 0.3mm。

（4）碎部测量。

1) 测站校核碎部测量前应对测站点的平面位置和高程用视距测量的方法进行校核，观测结果与控制测量成果比较，距离差值在图上不得大于 0.3mm，高程差值不得大于 0.1m。符合要求后方可进行碎部点测量，并将校核结果记于记录本上。

2) 施测碎部施测碎部时，视距最大长度不得大于 70m，水平角和竖角取至 1′，水平距离和高程算至 dm，图上碎部点的高程亦注至 dm。字体一律用正楼仿宋体朝北书写。碎部点的间距在图上不得大于 1～3cm。凡固定地物凹凸部分在图上大于 2mm 者，均应测绘。等高线的等高距为 0.5m，对碎部点必须随测、随记、随算、随展绘，做到点点清，站站清，严禁采用测记法。

3) 支点当局部地区原有控制点不能满足测图需要时，可在控制点上支点，但支点不得连续多于两个。

4) 方向校核在施测碎部过程中及该站施测完毕时，应重新照准点后视点，检查水平度盘读数是否仍为 $0°00'00''$，其误差不得大于 4′，否则该站应重测。

（5）地形图整饰。碎部外业完成经检查合格后，应按比例尺地形图图式［参阅《国家基本比例尺地图图式 第1部分：1∶500 1∶1000 1∶2000 地形图图式》（GB/T 20257.1—2007）］，以及教材第九章中的红星镇地形图的格式对地形图进行整饰。

2. 施工测量

施工测量，一般以隧洞施工放样为例进行。具体要求如下：

（1）平面控制。采用两端有基线的三角锁，全班共同施测。

1) 水平角观测用 J_6 型经纬仪按全圆测回法测量三角锁各三角形的内角，每三角点观测二测回。"归零方向差"不得大于 $\pm24''$，"各测回同一方向的归零值间的较差不得大于 $\pm40''$，三角形内角和闭合差"不得大于 1′。每个测量小组均负责施测二个三角点的水平角。

2) 基线丈量用钢卷尺进行丈量，每尺段取三个尺段数，其互差不大于±2mm。应进行尺长、温度和高差改正。往返丈量的相对误差不得大于 $\dfrac{1}{10000}$。

3) 方位角的测定用罗盘仪按正反方向测定第一条基线边的方位角，正反方向施测的误差不得大于 $30'$，取其平均值为该基线边的方位角。

4) 三角锁的计算对三角锁进行三角形闭合差和基线闭合差的调整后，计算各三角点坐标。角度一律取至秒（"），坐标一律取至 mm。

(2) 放样数据的计算。根据三角点坐标及隧洞进口 A 点和出口 B 点的坐标求算交会 A 点的放样角 β_1、β_2、β_3 和 B 点的放样角 β_4、β_5、β_6，以及隧洞轴线的定向角 β_A、β_B 和隧洞 AB 的长度。角度一律算至秒。

(3) 实地放样。

1) 隧洞进、出口位置的测定用前方交会法由三台经纬仪或全站仪按三个交会角同时交会点的位置。

2) 隧洞轴线的测定经纬仪置于隧洞的进口点 A，按定向角 β_A 测设隧洞的轴线方向，同时另一经纬仪置于隧洞出口点 B，按定向角 β_B 测设隧洞的轴线方向，两者应重合，其误差一般不得大于 $1'$。若在允许范围内则在隧洞的进、出口外各测设两个指示开挖的方向桩。

3. 上交成果

分类	每小组应交的成果	每个学生应交的成果
地形测量	1. 平面控制测量的各种外业记录 2. 高程控制测量记录 3. 控制点成果表 4. 碎部测量记录 5. 地形图	1. 导线计算 2. 水准测量闭合差调整计算
施工测量	小三角锁外业观测记录	1. 小三角锁边长计算（包括三角锁草图） 2. 三角点坐标计算 3. 前方交会定点计算（包括交会草图）

注　个人成果应装订成册同小组成果一并上交。

五、实习地点

校园内。

六、实习考核

实习的成绩考评采用考查方式进行。成绩分为优、良、中、及格和不及格五个档次。教师依据如下因素给出每个学生的实习成绩：

(1) 学生所在小组完成任务、提交成果的质量情况。

(2) 学生个人上交的成果。

(3) 学生的出勤情况及教师对学生在实习中的印象。

实习一 测回法测量记录

日期_____ 时间_____ 天气_____
仪器_____ 观测者_____ 记录者_____

测站	目标	竖盘位置	水平度盘读数 ° ′ ″	半测回角值 ° ′ ″	一测回平均角值 ° ′ ″	各测回平均角值 ° ′ ″

实习二 钢尺量距记录

日期_____ 时间_____ 天气_____
仪器_____ 观测者_____ 记录者_____

往测	测段					全长(m)
	距离(m)					
返测	测段					全长(m)
	距离(m)					
计算	平均长度：$D_0 = \dfrac{D_往 \pm D_返}{2} =$ 较差：$\Delta D = D_往 - D_返 =$ 相对误差：$K = \dfrac{\Delta D}{D_0} = \dfrac{1}{\dfrac{D_0}{\Delta D}} =$					
往测	测段					全长(m)
	距离(m)					
返测	测段					全长(m)
	距离(m)					
计算	平均长度：$D_0 = \dfrac{D_往 \pm D_返}{2} =$ 较差：$\Delta D = D_往 - D_返 =$ 相对误差：$K = \dfrac{\Delta D}{D_0} = \dfrac{1}{\dfrac{D_0}{\Delta D}} =$					

实习三 四等水准测量记录

日期_____ 时间_____ 天 气_____
仪器_____ 观测者_____ 记录者_____

测站编号	点号	后尺 下丝 上丝		前尺 下丝 上丝		方向及尺号	水准尺读数（m）		K+黑-红（mm）	高差中数（m）
		后距（m）		前距（m）			黑面	红面		
		后前距差（m）		累计差（m）						
						后				
						前				
						后－前				
						后				
						前				
						后－前				
						后				
						前				
						后－前				
						后				
						前				
						后－前				
						后				
						前				
						后－前				

实习四 闭合导线计算

导线等级_____ 计算者_____ 校核者_____ 日期_____

测站	观测值 ° ′ ″	改正数 ″	改正后的角值 ° ′ ″	方位角 ° ′ ″	边长 D (m)	增量计算值		改正后的增量		坐标	
						$\Delta x = D\cos\alpha$ (m)	$\Delta y = D\sin\alpha$ (m)	Δx (m)	Δy (m)	x (m)	y (m)
计算											

实习五 高程测量计算

等级_____ 计算者_____ 校核者_____ 日期_____

点名	距离或测站数	高差(m)		改正后的高差(m)	高程(m)	备注
		观测值	改正值			
误差计算						
路线略图						

实习六 控制点成果记录

计算者_____　　　校核者_____　　　日期_____

点名	类别	纵坐标 x	高程	边长	方位角
		横坐标 y	(m)	(m)	° ′ ″

实习七 经纬仪测绘法测地形图记录

日 期_____ 时 间_____ 天 气_____ 仪 器_____ 测 站_____
零方向_____ 测站高程_____ 仪器高_____ 观测者_____ 记录者_____

测点	水平角 ° ′ ″	水准尺读数(m)		视距间距 (m)	竖直角 α		高差 (m)	水平距离 (m)	测点高程 (m)	备注
		中丝	下丝		竖盘读数 ° ′ ″	竖直角 ° ′ ″				
			上丝							

参 考 文 献

［1］ 邓念武. 测量学. 北京：中国电力出版社，2010.
［2］ 程效军，刘春，楼立志. 测量实习教程. 上海：同济大学出版社，2014.
［3］ 刘国栋. 测量实验指导书. 重庆：重庆大学出版社，2010.
［4］ 伊廷华. 测量实验及实习指导教程. 北京：中国建筑工业出版社，2009.
［5］ 赵世平. 测量实验指导书. 郑州：黄河水利出版社，2008.
［6］ 金芳芳. 工程测量实验指导书. 南京：东南大学出版社，2007.